Adam R. S. Cornish

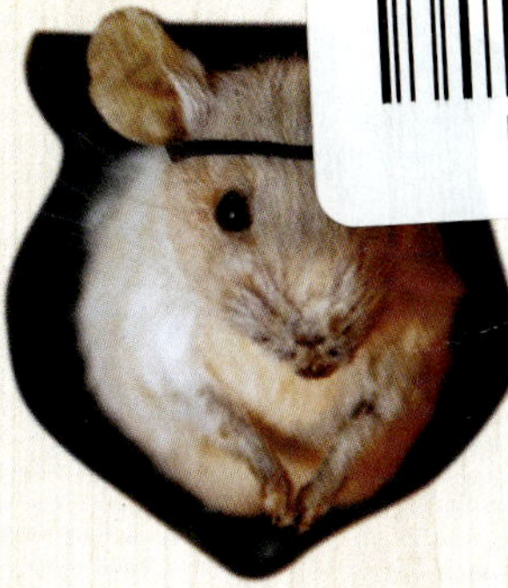

FÜR IMMER SCHEISSE AUSSEHEN

FÜR IMMER SCHEISSE AUSSEHEN

DIE HÄSSLICHSTEN AUSGESTOPFTEN TIERE DER WELT

ADAM R. S. CORNISH

riva

»… und für mein nächstes Kunststück,
werde ich, der unübertroffene Ferreto,
in dein Hosenbein verschwinden und
dich wild zum Tanzen bringen.«

»Ich hatte sie in mein Holzhaus eingeladen, was ein Riesenfehler war. Sie brachten meine Tochter um, stachen mir ein Auge aus, und als ob das nicht schon genug gewesen wäre, haben sie auch noch in mein Klo gekackt.«

»Wie wär's
mit einem
Erinnerungsfoto
vom Wildwasser-
rafting im
Europapark?«

»… und ich sagte zu ihm: Derek! Ich weiß, es gibt zurzeit nicht viele Jobs für Waschbären, aber du musst etwas unternehmen. Wir können schließlich nicht ewig aus der Mülltonne leben.«

»Elaine, ich bin so was von wütend. Eigentlich ging es nur um eine Füllung, aber schau, was der Stümper mit meinen Zähnen gemacht hat! Meine Kollegen nennen mich nur noch Grinsi Grinsebär!«

»Sorry, Alan, aber du wolltest doch unter Autos schlafen, dann musste das ja mal passieren.«

864

»Liebste Rose,
diese Fahrkarte
zu gewinnen, war
das Beste, was
mir je passiert
ist. Schließlich hat
sie mich zu dir
gebracht.«

»Oh Scheiße,
meine Alte bringt
mich um, wenn ich
ihr sage, dass ich
nicht mehr weiß,
wo unser Nest ist.«

»Jesse. Wir müssen einen neuen Platz zum Kochen finden.«

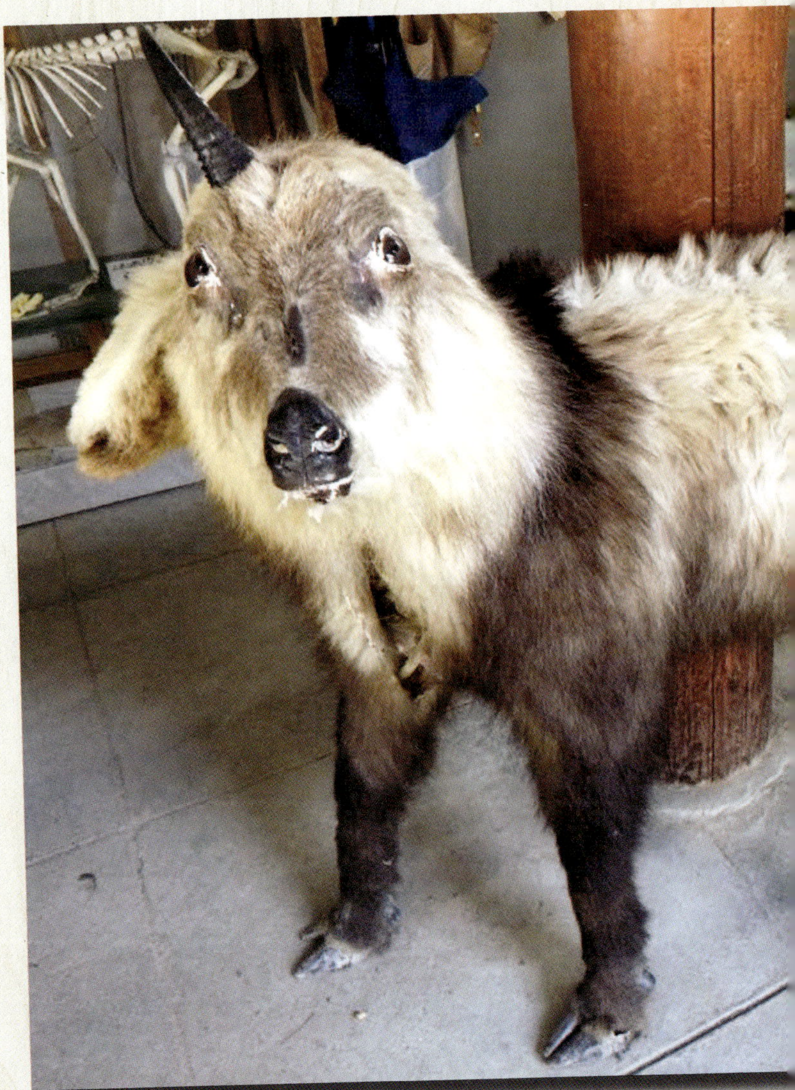

»Du musst das positiv sehen, Steve. Du sagst, dass du ein Horn verloren hast. Ich sage: Du bist jetzt ein Einhorn.«

»Bitte, Papa, lass uns
zu McDonald's gehen.
Biiiiiitte!«

»Heck, ich bin so aufgeregt.
Aber ich frage sie jetzt einfach:
Steffi Stachel, möchtest du mit
mir tanzen gehen?«

»Es tut mir leid, dass ich dich
enttäuschen muss, Papa.
Aber ich bin viel zu fabelhaft,
um Fußball zu spielen. Ich bin
der geborene Tänzer!«

»Okay, Kameraden, folgt mir in den Wald und nehmt euch vor dem kinderfressenden Wolf in Acht. Der ist nämlich extrem gerissen.«

»Hey, du bist mir gleich ins Auge gestochen. Komm doch näher, du siehst zum Anbeißen aus.«

»Bibi, es ist so: Ich habe den ganzen verdammten Tag Dämme gebaut. Wenn ich jetzt ein Bier trinken will, dann trinke ich ein Bier. Also geh mir nicht auf den Sack!«

»Das ist total unfair. Freddie Fleckgesicht darf unter der Woche auch immer bis halb elf aufbleiben.«

»Glaub mir, Prinzessin, Prinz Ali ist nicht der Richtige für dich. Er hat versprochen, dir die Welt zu zeigen. Aber nicht nur, dass sein fliegender Teppich ein altes, verlaustes Stück Stoff ist, er hat dich damit auch nur ein einziges Mal die Straße hoch- und runtergeflogen.«

»Nach den Dreharbeiten von *Star Wars* kam nichts mehr. Gerade hast du noch eine Stormtrooper-Szene gedreht und dann findest du nicht mal mehr eine Gastrolle in einer Daily Soap. Es war so schlimm, dass ich sogar meinen Silbergürtel verkaufen musste, um meine Miete bezahlen zu können. Ich hab's einfach nicht geschafft, Alter. Ich habe angefangen zu trinken. Jeden Tag habe ich eine Flasche aufgemacht. Ich saß in meiner Wohnung und habe darauf gewartet, dass das Telefon klingelt. Manchmal habe ich versucht, Harrison zu erreichen, aber der Kerl wollte nichts mehr von mir wissen. Am Tiefpunkt erkennst du, wer deine wahren Freunde sind. Ich kann sagen, dass es eine harte Zeit war. Aber das liegt Gott sei Dank alles hinter mir. Ich bin seit zwei Jahren trocken und mit der Hilfe von Wookiee Jesus werde ich es auch bleiben.«

»Margit, heute ist die PowerPoint-Präsentation für den Vorstand. Also wo zum Teufel ist mein Toupet?«

»Das ist kein Spaß mehr, Freunde. Wer hat meinen Kaffee getrunken? Ich brauche meinen Kaffee!«

»Was ist mit dir los, Lassie? Der kleine Timmy ist in den alten Wunschbrunnen gefallen und du bist dir zu fein, um ihm zu helfen?«

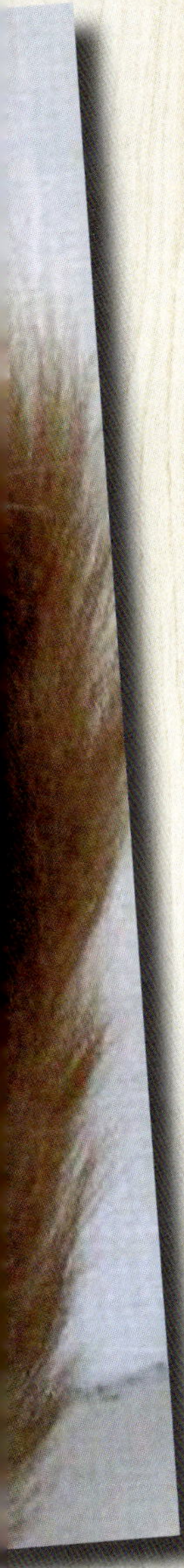

»Kind, so nimm denn mein starkes Händchen.«

Der Moment, wenn du merkst:
Sie reden hinter deinem Rücken
über dich …

»Natürlich habe ich mir den Wetterbericht angeschaut. Nein, es war definitiv kein Regen angesagt!«

EEEEEEEE
IT'S
GRAND AT
THE
LASS O'GOWRI

»Ja, gnädige Frau,
ich bin betrunken.
Aber morgen bin ich wieder
nüchtern und Sie sind immer
noch potthässlich.«

EWERY

»Ich sag's dir, Mike.
Der beste Weg einen
Kater zu vermeiden,
ist einfach immer weiter
zu trinken.«

Der peinliche Moment,
wenn die Musik auf einmal
aufhört zu spielen …

»Keine Sorge, Omi. Der Kleine kriegt sich gleich wieder ein und dann bekommst du dein Familienfoto.«

»Ich sag's dir, Julia, der Arzt hat gesagt, mit meinen Augen sei alles in Ordnung.«

»Schatz, hörst du das auch?
Ich glaube, da ist jemand …«

»Jack, ich möchte, dass Du mich so zeichnest wie die Mädchen in Frankreich.«

»Lauren, wir müssen sofort los!
Ich hab mich eingenässt ...«

»Denk nach, Gitti!
Denk doch bitte
nach! Hab ich den
Ofen angelassen
oder nicht?
Verdammt ...«

»Sieh mal, Timon, wenn er größer ist, wird er sicher versuchen, uns zu fressen. Alles, was ich sage, ist, dass wir ihn vielleicht lieber zuerst fressen sollten. Denk Hakuna Ma-I lieber darüber nach.«

»Nie mehr Alkohol!«

»Ich bin so froh, dass ihr da seid, Jungs! Jemand hat ein halbes Zebra ins Wohnzimmer gelegt und aufs Sofa geschissen! So eine Sauerei!«

»Cirque du Soleil ist ein Scheißdreck dagegen!«

»Man nennt das Fashion, Herzchen. Versuch's doch auch mal.«

»Weißt du eigentlich, wie spät es ist? Ich habe den ganzen Nachmittag in der Küche gestanden, um dir eine köstliche Feldmaus zu kochen und du gehst lieber mit deinen Freunden zum Saufen. Du Arsch!«

»Yeah, Mr. White.
Yeah, Wissenschaft!«

LIQUID
500 ml
200 ml
100 ml

»Geh in dein Zimmer, Charlie.
Hör auf, unsere Familienfotos
zu versauen, Charlie.
Du hast Hausarrest, Charlie.
Gott, wie ich das hasse!
Irgendwann laufe ich einfach weg
und dann wird es ihnen leidtun.«

»Du machst wohl Witze, Schätzchen! Wir haben keine profane Feldmaus mehr gegessen, seit Bert befördert wurde.«

»Redest du mit mir? Mit wem zur Hölle redest du denn? Außer mir ist niemand hier. Du machst mich fuchsteufelswild!«

»Alter, siehst du heiß aus!
Flosse drauf!«

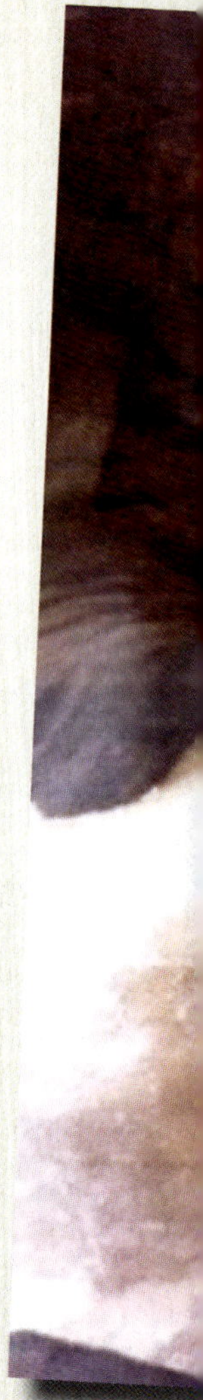

»Wer ist der Beste? Richtig!
Du bist der Beste.«

»Was der Fuchs dazu zu sagen hat? Nun, für den Moment würde ich mich am meisten über einen ergonomischeren Stuhl freuen. Dieser hier schadet meiner unvergesslichen Pose.«

Frei von der Leber weg: Ich wusste nicht, was mich bei meinem ersten Buch erwarten würde.

Das Prozedere war mir neu und, um ganz ehrlich zu sein, eine einzige wilde und emotionale Achterbahnfahrt, bei der die Mitfahrer verunstaltete tote Tiere sind.

Ein paar Leute haben mir dabei geholfen, das durchzustehen und ich hoffe, wenn ich sie hier erwähne, werden sie mir auch vergeben, dass ich eine Nervensäge war:

> Mum und Dad, Lauren, Sasha (keine Ahnung, was eigentlich dein Anteil war, aber ich weiß, dass du sauer wärst, wenn ich dich nicht mit in diese Liste aufnehme), Patty und Andrews McMeel (dafür, dass sie wahres Talent erkennen, wenn sie es sehen), alle meine Twitter-Follower, Alan White und Buzzfeed, Adele, Kat, Nyla, @UnnamedInsider, Ry und Laura (übrigens ist diese Erwähnung euer Hochzeitsgeschenk), Carli und Dan, @Elequenoaporta, @TheBlogess, Steve und Becky, der gute »Rat«, Cone, Nick, AJ, Vegas Child (die beste Band, die noch viel zu wenige kennen), @ScouseGirlProblems, Mary von Coronation Street, Maia Dunphy und Johnny Vegas, Jeremy Vine, Gemma Anne Styles, Klaxons, Jeremy Clarkson, Har Mar Superstar, David Flatman, @_YouHadOneJob, Joel und jeder bei Unite, alle meine Kumpels, der Royal FC und Sheffield Wednesday. Wenn ich jemanden vergessen habe, kaufe ich euch ein Bier als Wiedergutmachung.

Bildnachweis:

> @XTCJesus, Chris Constantine, Linden Tea, Timothy Medhurst, Colin Ingram, @Joe_Nash1 and @KIWhite1985, Jellibat, Denise Brereton, @kevinliddell4, Siv Osterlund, Matt Rudge, Ellen Rose, Conrad Gillet, Wikipedia user Daderot, Navreet Chawla, David Morris, Julie Dermansky, @NocombRick, Shaena A Montanari,

James Stewart, Clare Racey, @Famron, Ellie May, Emily Oldfield, und Katrina Villa Herman.

Mein besonderer Dank gilt:

Adele Morse, die gelernte Präparatorin ist und nicht nur Geoff, den Fuchs auf dem Cover, sondern auch den unübertroffenen Ferreto und Rat, den einäugigen Piraten, geschaffen hat.
Sie ist schlichtweg der Hammer und bietet auch Kurse an; Informationen dazu findest du auf: AdeleMorseTaxidermy.co.uk.

Sarah Burhouse ist ebenfalls gelernte Präparatorin und bettelarm dazu. Von ihr stammen sowohl der fantastische Mr. White als auch sein Assistent Jesse, der sich im Namen der Wissenschaft so richtig rausgeputzt hat. Sarahs Arbeiten kannst du auch kaufen: etsy.com/uk/shop/Snailsales.

Auch Jeremy Johnson ist gelernter Präparator. Er hat den schönen Barry, den Dachs, der gern ein französisches Model wäre, noch schöner gemacht, und die Familie Waschbär für ihr Familienfoto ausgestattet. Seine Arbeiten findest du hier: MeddlingWithNature.com.

Tony Dunnell ist Fotograf und Blogger, der einige herausragende Bilder und Beiträge beigesteuert hat. Mehr von ihm findest du auf: HowToPeru.com.

Und zu guter Letzt danke ich natürlich dir, dass du dieses Buch gekauft hast. Jeder Kauf kommt nicht nur meinem Geldbeutel zugute, sondern trägt auch dazu bei, dass das Tierheim Thornberry in South Yorkshire noch lebenden Tieren helfen kann.

Nish

Bibliografische Information der Deutschen Nationalbibliothek
Die Deutsche Nationalbibliothek verzeichnet diese Publikation in der Deutschen Nationalbibliografie. Detaillierte bibliografische Daten sind im Internet über http://dnb.d-nb.de abrufbar.

Für Fragen und Anregungen:
info@rivaverlag.de

1. Auflage 2017

Nymphenburger Straße 86
D-80636 München
Tel.: 089 651285-0
Fax: 089 652096

Übersetzung: Dieté von Geierlich (S. 5–41, 44/45), Vanessa Hofferbert (S. 42/43, 46–93)
Redaktion: Gloria Glanz
Umschlaggestaltung: Pamela Machleidt
Layout: Tim Lynch
Satz: Daniel Förster, Belgern
Druck: Florjancic Tisk d.o.o., Slowenien
Printed in the EU

ISBN Print 978-3-7423-0261-8
ISBN E-Book (PDF) 978-3-95971-716-8
ISBN E-Book (EPUB, Mobi) 978-3-95971-717-5